# 供电所移动业务
# 应用指南

国网河南省电力公司信息通信公司　编

中国水利水电出版社
www.waterpub.com.cn
·北京·

# 内 容 提 要

为保证供电所工作人员对移动应用的规范使用，提高移动应用及新型通用终端操作水平，了解新型通用终端及"现场作业融 E 通"App 的常见问题及处理方法，国网河南省电力公司信息通信公司结合《国网河南省电力公司移动应用统筹管理办法》及"现场作业融 E 通"App 在地市公司推广使用经验，编写了本书。本书主要内容包括移动应用概述、移动终端使用、计量移动应用、营业移动应用、运检移动应用、其他移动应用。

本书可供供电所技术人员、管理人员阅读，也可供工矿企业等电力用户参考。

**图书在版编目（CIP）数据**

供电所移动业务应用指南 / 国网河南省电力公司信息通信公司编. -- 北京 : 中国水利水电出版社, 2021.12

ISBN 978-7-5226-0288-2

Ⅰ. ①供… Ⅱ. ①国… Ⅲ. ①供电－工业企业－电力通信系统－河南－指南 Ⅳ. ①F426.61-62

中国版本图书馆CIP数据核字(2021)第258010号

| 书 名 | **供电所移动业务应用指南**<br>GONGDIANSUO YIDONG YEWU YINGYONG ZHINAN |
| --- | --- |
| 作 者 | 国网河南省电力公司信息通信公司 编 |
| 出版发行 | 中国水利水电出版社<br>（北京市海淀区玉渊潭南路 1 号 D 座　100038）<br>网址：www. waterpub. com. cn<br>E - mail：sales@waterpub. com. cn<br>电话：（010）68367658（营销中心） |
| 经 售 | 北京科水图书销售中心（零售）<br>电话：（010）88383994、63202643、68545874<br>全国各地新华书店和相关出版物销售网点 |
| 排 版 | 中国水利水电出版社微机排版中心 |
| 印 刷 | 清淞永业（天津）印刷有限公司 |
| 规 格 | 140mm×203mm　32 开本　3.125 印张　84 千字 |
| 版 次 | 2021 年 12 月第 1 版　2021 年 12 月第 1 次印刷 |
| 印 数 | 0001—5000 册 |
| 定 价 | **78.00 元** |

# 《供电所移动业务应用指南》
# 编　委　会

# 前言

随着现场移动应用作业的开展，国网河南省电力公司（简称"公司"）各个专业部门均配发并安装了移动终端及配套的业务应用 App，辅助基层一线员工开展工作。伴随公司全能型供电所、网格化供电服务工作的推进，公司提出人员"一专多能"、业务"协同运行"、服务"一次到位"的工作要求，但各专业移动应用设计规范不统一、技术路线多样、数据共享不充分，造成了一岗多终端、多应用、数据重复录入、业务处理跑多次等问题，给基层现场作业带来了困扰。

为解决上述问题，公司组织开展多业务终端及应用融合工作，建设移动业务平台，并将原有计量、营业、运检 3 个专业的终端 4 项移动应用、38 个功能融合成为 1 个"现场作业融 E 通"App，共设置 16 项微应用场景，形成积木式现场作业移动应用。

为保证供电所基层人员对移动应用的规范使用，提高移动应用及新型通用终端操作水平，了解新型通用终端及"现场作业融E通"App的常见问题及处理方法，国网河南省电力公司信息通信公司结合《国网河南省电力公司移动应用统筹管理办法》（简称"本办法"）及"现场作业融E通"App在地市公司推广使用经验，编写了《供电所移动业务应用指南》。

按照公司多业务终端及应用融合总体思路和全能型供电所、网格化供电服务的工作要求，本书以供电所移动应用管理制度、多业务终端及应用融合介绍为基础，以供电所日常业务开展为出发点，分别对移动终端使用、计量移动应用、营业移动应用、运检移动应用及其他移动应用进行了深入介绍，希望本书能给供电所基层班组人员在实际业务开展中带来便利。

由于编者水平有限，书中难免存在疏漏和不足之处，恳请广大读者批评指正。

编　者
2021 年 6 月

# 目录

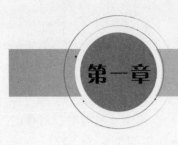

# 第一章 移动应用概述

## 一、总则

本书贯穿移动应用使用全过程，涉及应用安装、更新、卸载、使用操作、常见问题处理等方面，包含移动应用管理制度、移动终端使用介绍及计量业务、营业业务、运检业务和其他业务应用介绍等内容。

## 二、移动应用管理要求

### （一）需求管理

（1）国网河南省电力公司（简称"公司"）各业务部门负责本专业移动应用业务需求的收集汇总和审核。公司科技互联网部会同业务部门组织开展需求评审工作，对各部门、各单位提出的建设需求进行跨部门、跨专业需求统筹，避免发生重复性功能建设、数据重复录入以及数据不贯通等问题。

（2）需求评审通过后，业务需求部门组织项目建设单位开展可行性研究报告编制，纳入公司信息化管理范围的移动应用建设项目由科技互联网部统一管理，统一组织可行性研究报告评审。

（3）移动应用建设前，业务需求部门须填写"国网河南省电力公司移动应用建设申请表"，对于未向科技互联网部报备的移动应用禁止上线运行。

## （二）建设管理

（1）公司移动应用设计开发应符合国家电网有限公司移动应用研发规范相关要求。公司移动应用需集成统一权限系统（ISC），实现单点登录认证功能和权限管理。

（2）科技互联网部和业务部门应共同组织项目实施启动会，组织专家对移动应用建设技术方案进行审查。

（3）移动应用项目建设过程中，科技互联网部和业务部门应重点从移动应用技术路线与架构遵从，与业务需求的符合度，数据完整性、合规性与一致性等方面进行检查。

（4）移动应用建设单位应在开展实施工作前组织编制详细实施方案，明确项目实施目标、实施范围、实施计划、人员组织、培训计划等内容。

（5）公司移动应用试运行前，建设单位需完成上架测试和上线前安全测评，并经业务部门同意后向科技互联网部申请上线试运行。

（6）公司移动应用试运行期间，运维单位负责统一运维管理，承担安全运行管理责任，移动应用承建单位提供技术支持。

## （三）上下架管理

（1）移动应用上架前应由业务部门确认应用是否满足业务需求、运维单位评估系统部署情况是否满足运维要求；信通公司审查应用测试及备案情况，确认应用是否符合公司安全相关管理要求。

（2）国网河南信通公司（数据中心）需确保公司移动应用在应用商店全量上架，禁止未上架移动应用上线运行。

（3）通过相关测试后，移动应用建设单位填写"国网河南省电力公司移动应用业务受理表"，发起应用上架流程，并提交相关文档，审批完成后由国网河南信通公司（数据中心）执行移动应用上架操作。

（4）移动应用下架时，移动应用业务管理部门在评估业务影响范围后，由移动应用运维单位填写"国网河南省电力公司移动应用业务受理表"，发起应用下架流程，审批完成后由国网河南信通公司（数据中心）执行移动应用下架操作，同时做好移动应用数据备份和后端服务关停。

（5）科技互联网部根据公司移动应用运行监控情况，经业务主管部门确认后，可对公司使用频率低、长期无人登录的"僵尸"应用进行断开移动应用网络接入或统一下架。

## （四）运行管理

（1）移动应用运维单位要对移动应用开展日常隐患排查工作，及时发现影响移动应用运行和安全的隐患，并开展漏洞治理，避免发生信息安全事件。

（2）移动应用运维单位要定期组织召开移动应用故障分析会，分析故障原因，制订整改措施，持续提升系统安全运行水平。

（3）移动应用运维单位负责制订移动应用运行维护规范和应急预案，开展应急演练，确保系统运行正常。

（4）移动应用使用部门负责规范开展移动应用作业，并确保数据录入的准确性、及时性，如在应用过程中发现问题，及时反馈运维单位解决。

（5）国网河南信通公司（数据中心）按季度统计移动应用下载量应用在线时长、用户满意度等评价工作，评估公司移动应用运行状态并形成《移动应用运行分析报告》，提交公司科技互联网部。

## （五）安全管理

（1）公司移动应用的安全管理需严格按照《国网信通部关于进一步落实内外网移动作业终端及应用网络安全工作要求的通知》（信通网安〔2018〕110 号）规定执行。

（2）移动应用建设单位要认真落实统一安全加固、统一安全管控和统一安全监测工作要求，做好移动应用安全防护工作。

（3）公司各专业、各单位遵照"涉密不上网，上网不涉密"的原则，严格管控移动应用接入数据的安全。

（4）公司移动应用要纳入公司信息安全督查范围，国网河南电科院在组织开展日常信息安全督查工作的过程中，定期对移动应用开展信息安全督查工作。

## （六）检查考核

公司科技互联网部和各业务部门应依据本办法及国家电网公司移动应用考核要求对各单位移动应用建设和运行情况进行抽查和考核。

# 三、多业务终端及应用融合

## （一）工作背景

随着现场移动应用作业的开展，公司各个专业部门都配发了移动终端及配套的业务应用 App，辅助基层一线员工开展工作。伴随全能型供电所、网格化供电服务工作的推进，公司提出了人员"一专多能"、业务"协同运行"、服务"一次到位"的工作要求，但各专业移动应用设计规范不统一、技术路线多样、数据共享不充分，造成了一岗多终端、多应用、数据重复录入、业务处理跑多次等问题，给基层现场作业带来了困扰。

## （二）建设目标

多业务终端基于"云平台＋微服务"架构，对接设备（资产）运维精益管理系统（简称 PMS）、营销系统、用电信息采集系统（简称电采）、统一权限管理平台（简称 ISC）等系统，制定统一技术路线、交互规范，沉淀共性服务，构建开放式移动业务平台，提供跨专业支撑服务；融合现场业务，贯通各业务系统数据，一次录入，多系统共享；通过"内网手机＋专用背夹"的模式，融合兼容原有3类业务移动终端；沉淀业务场景依赖的共性服务，统一移动用户认证体系、统一开发及设计规范、统一移动应用安全防护，逐步形成公司级跨专业移动应用生态体系；提高供电所基层班组现场作业效率，有效支撑公司数字化转型。

### （三）建设历程

多业务终端及应用融合工作是公司2020年重点工作和改革攻坚34项重点任务之一。通过改善移动作业软硬件平台性能，优化融合移动应用相关功能，整合后端相关系统重复功能，可提高移动应用和后端系统易用性，实现台区经理使用一台终端、一个应用完成全部现场业务办理，对内减轻一线员工工作负担，提升现场工作效率，对外优化营商环境，提升供电服务水平。

2020年3月，公司互联网部结合前期调研成果，协同公司设备部、营销部、配网办、信通公司、国网河南电科院，全面启动基层供电所多业务终端及应用融合建设工作。

2020年6月，完成移动业务平台研发部署、后台业务系统适应性调整和"现场作业融E通"App开发，并在国网河南伊川县供电公司试点应用。

2020年8月，完成"现场作业融E通"App在国网洛阳供电公司、焦作供电公司、鹤壁供电公司等七家试点单位试点应用并持续迭代完善。

2020年10月，完成"现场作业融E通"App在河南全省推广应用，实现公司基层供电所全覆盖，大幅提升供电所现场移动作业效能。

### （四）建设情况

#### 1. 移动业务平台构建

移动业务平台构建目标是基于"云平台＋微服务"架构，

对接 PMS、营销、电采、ISC 等系统，构建开放式移动业务平台，融合各专业移动应用功能，贯通各业务系统数据，沉淀业务场景依赖的共性服务，统一移动用户认证体系、统一开发及设计规范、统一移动应用安全防护，逐步形成公司级跨专业移动应用生态体系。

目前移动业务平台已完成六大中心（包括设备中心、业务中心、应用中心、安全中心、待办中心、消息中心）的建设工作。与业务系统打通 12 个业务接口，包括用电信息采集 5 个，PMS2.0 系统 3 个，供电服务指挥系统 1 个，ISC 系统 2 个，全业务数据中心 1 个。沉淀 5 个共性服务与 7 个共性组件，共性服务包括认证服务、待办服务、消息服务、数据同步服务、位置服务，共性组件包括认证组件、通信组件、文件传输、协议适配、硬件适配、监控组件和日志管理。实现 8 个个性化功能，包括人脸识别登录、问题与需求收集、扫一扫自动聚焦等个性化功能。

2. 终端统一整合

采用体积小、高性能的主机，配合红外通信、超高频 RFID 等外设设备（图 1-1），满足电表抄读、采集运维、实物 ID 等多场景现场移动作业需求。截至 2021 年 7 月，全省累计发放通用终端 7370 台，红外背夹按照终端与背夹 1：1 配发，运检 RFID 背夹按照 4：1 配发。

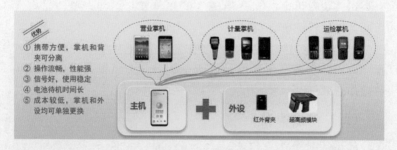

图 1-1　移动终端主机及外设设备

### 3. 移动应用融合

通过"微服务＋微应用"方式，实现供电所人员按需配置各项微应用，将原有计量、营业、运检 3 个专业的终端、4 项移动应用、38 个功能融合成为 1 个"现场作业融 E 通"App，共设置 16 项微应用场景，形成积木式现场作业移动应用。并在此基础上，结合供电所需求，扩展新增台区线损助手、电网资源运维等微应用，大大提升了现场作业便捷性与智能化。"现场作业融 E 通"App 各项微应用场景如图 1-2 所示。

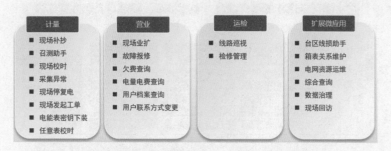

图 1-2　"现场作业融 E 通"App 各项微应用场景

### 4. 总体技术路线

移动业务平台包含移动业务子门户"融 E 通"和移动业务平台服务，两者之间通过电力 VPN 无线专网实现安全通信。

移动业务门户基于"微服务＋微应用"设计理念，采用安卓原生框架开发，为 H5、插件、安卓原生等模式的微应用提供了运行支撑环境，能够满足技术多元化的移动应用灵活接入，并依据用户的岗位、角色、作业场景，提供差异化、场景化的移动微应用。同时移动业务门户完全兼容原有计量专用终端、运检专用终端和营业专用终端，支持移动应用全业务场景覆盖，解决了供电所人员现场作业需要携带多终端、一岗多应用、数据重复录入等问题，大大提升了现场作业效率。

移动业务平台基于华为云平台搭建，采用华为云微服务架构实现，由华为云平台运维团队提供专业的运维技术支撑。移动业务平台通过建设应用中心、设备中心、安全中心、消息中心、待办中心和业务中心等 6 大中心服务，支持移动应用的发布、升级和版本管理等，实现现场作业终端全生命周期管理，保障移动应用及现场作业终端的安全接入，并为业务应用提供消息提醒和统一待办的能力，推动跨专业的移动应用业务融合及终端整合。

移动业务平台架构如图 1-3 所示。

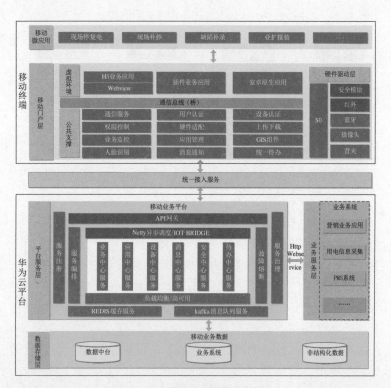

图 1-3 移动业务平台架构图

（1）移动微应用层主要用于开展场景化业务微应用建设，完整呈现建设场景的业务功能，主要包含计量、运检、营业等专业的场景化移动微应用。

（2）移动业务门户采用了功能灵活可配、交互设计一致、接口定义规范的软件架构，一方面为业务微应用层提供统一服务，另一方面负责与平台各个服务进行通信，起到了承上启下的作用，并在微应用运行过程中提供通信连接、安全控制、数据存储、消息路由、电力专用协议、统一接口、统一权限控制等方面的支撑，满足了场景化微应用的建设需求。

移动业务门户的技术架构由虚拟环境层、公共支撑层、通信总线（桥）层、硬件驱动层组成。

1）虚拟环境层：为 H5 模式、安卓原生模式、插件模式的微应用提供运行环境，支撑技术多元化的移动应用灵活接入。

2）公共支撑层：是移动业务门户建设的核心内容，将公共功能以组件化的形式集成到移动业务门户框架中。

3）通信总线（桥）层：通信总线将移动微应用与移动业务门户之间的功能解耦，将 H5 模式的 jsbridge 桥、安卓原生 AIDL、插件 binder 通信模式封装成统一的 API，以路由桥机制将业务微应用调用移动业务门户功能请求转发至相应的实现逻辑中，为移动微应用与移动业务门户之间建立通信的桥梁。

（3）平台服务层基于华为云微服务框架 servicecomb 实现，平台服务主要用于集中管理场景化业务的执行过程，并通过 http、webservice、rest 等技术实现与各业务系统间的数据交互。平台服务提供用户管理、设备管理、应用管理、安全管理、待办管理、消息管理和业务管理等功能，对场景中的人员、设备、工具、执行环节进行管理控制，对共性业务提供集中的业务管理功能，解决场景化微应用和场景管理间的协作问题。

华为云微服务框架提供基础云服务支撑，包括容器部署管理、监控管理、日志管理、DCS 缓存、DDM/RDS 分布式数据库、文件管理服务等，为平台服务层提供服务资源的支撑。华为云 ECS/Servicestage 架构提供对微服务的运行支持，包括服务注册与发现、服务治理、限流熔断、服务降级、链路追踪。

## （五）名词解释

**1. 采集运维闭环管理系统**

采集运维闭环管理系统是基于电力用户的用电信息采集系统，可对电力用户的远程指令执行情况及数据采集情况进行监控，并对远程执行失败指令及时生成现场作业工单，利用移动终端开展现场补抄、现场停复电、密钥下装等工作。

**2. 电力用户用电信息采集系统**

电力用户用电信息采集系统是对电力用户的用电信息进行采集、处理和实时监控的系统，可实现用电信息的自动采集、计量异常监测、电能质量监测、用电分析和管理、相关信息发布、分布式能源监控、智能用电设备的信息交互等功能。

**3. SG186 电力营销系统**

SG186 电力营销系统包括以下 19 个业务类：新装增容及变更用电、抄表管理、核算管理、电费收缴及账务管理、线损管理、资产管理、计量点管理、计量体系管理、电能信息采集、供用电合同管理、用电检查管理、95598 业务处理、客户关系管理、客户联络、市场管理、能效管理、有序用电管理、稽查及工作质量、客户档案资料管理。

**4. 现场作业融 E 通**

现场作业融 E 通是基于移动业务平台开发的移动应用，已集成计量、营业、运检等专业的微应用，主要有现场补抄、现场停复电、现场校时、电能表密钥下装、豫电助手、巡视管理、缺陷管理、检修管理、电网设备资源运维等微应用，可以开展计量、营业、运检等专业现场工作。

**5. 现场应用管理平台**

现场应用管理平台是基于采集运维闭环管理系统开发的移动应用，包括了现场补抄、现场停复电、现场校时、电能表密钥下装、计量异常、采集异常等计量专业的微应用，可以开展计量专业现场工作。

6. 豫电助手

豫电助手是基于供电服务指挥平台开发的移动应用，主要包括业扩报装、现场抢修、客户档案查询等微应用，可以开展营业专业现场工作。

7. 新型通用终端

新型通用终端为内网定制华为手机，通过定制 ROM，实现手机的安全防护，性能优越，预装现场作业融 E 通移动应用。

8. 三合一终端

三合一终端为内网定制终端，预装现场应用管理平台、客户代表、移动巡视三个微应用，部分版本较新的可以安装现场作业融 E 通移动应用。

9. 采集专用终端

采集专用终端为内网定制终端，预装采集运维闭环管理移动应用，不可安装其他移动应用。

10. 运检专用终端

运检专用终端为内网定制终端，预装移动巡检应用，可以开展移动巡检工作。

11. 红外背夹

红外背夹配合新型通用终端开展现场计量工作，通过蓝牙与现场新型通用终端连接，利用红外功能跟现场电能计量装置进行交互，开展计量现场工作。

12. RFID 背夹

RFID 背夹配合新型通用终端开展现场运检工作，通过蓝牙与现场新型通用终端连接，利用 RFID 功能读取现场设备的实物 ID，开展运检现场工作。

13. 采集终端

采集终端是可以实现电能表数据的采集、数据管理、数据双向传输以及转发或执行控制命令的设备。用电信息采集终端按应用场所分为专变采集终端、集中抄表终端（包括集中器、采集器）、分布式能源监控终端等类型。

（1）用电信息采集终端。用电信息采集终端是对各信息采集点用电信息采集的设备，简称"采集终端"，是可以实现电能表数据的采集、数据管理、数据双向传输以及转发或执行控制命令的设备。用电信息采集终端按应用场所分为专变采集终端、集中抄表终端（包括集中器、采集器）、分布式能源监控终端等类型。

（2）专变采集终端。专变采集终端是对专变用户用电信息进行采集的设备，可以实现电能表数据的采集、电能计量设备工况和供电电能质量监测，以及客户用电负荷和电能量的监控，并对采集数据进行管理和双向传输。

（3）集中抄表终端。集中抄表终端是对低压用户用电信息进行采集的设备，包括集中器、采集器。集中器是指收集各采集器或电能表的数据，并进行处理储存，同时能和主站或手持设备进行数据交换的设备。采集器是用于采集多个或单个电能表的电能信息，并可与集中器交换数据的设备。采集器依据功能可分为基本型采集器和简易型采集器。基本型采集器抄收和暂存电能表数据，并根据集中器的命令将储存的数据上传给集中器。简易型采集器直接转发集中器与电能表间的命令和数据。

（4）分布式能源监控终端。分布式能源监控终端是对接入公用电网的用户侧分布式能源系统进行监测与控制的设备，可以实现对双向电能计量设备的信息采集、电能质量监测，并可接受主站命令对分布式能源系统接入公用电网进行控制。

14．终端地址

系统中终端设备的地址编码，简称"终端地址"。

15．采集数据类型

（1）电能量数据：总电能示值、各费率电能示值、总电能量、各费率电能量、最大需量等。

（2）交流模拟量：电压、电流、有功功率、无功功率、功率因数等。

（3）工况数据：采集终端及计量设备的工况信息。

（4）电能质量越限统计数据：电压、电流、功率、功率因数、谐波等越限统计数据。

（5）事件记录数据：终端和电能表记录的事件记录数据。

（6）其他数据：费控信息等。

16. 采集方式

（1）定时自动采集：按采集任务设定的时间间隔自动采集终端数据，自动采集时间、间隔、内容、对象可设置。当定时自动数据采集失败时，主站应有自动及人工补采功能，保证数据的完整性。

（2）随机召测：根据实际需要随时人工召测数据。如出现事件告警时，随即召测与事件相关的重要数据，供事件分析使用。

（3）主动上报：在全双工通道和数据交换网络通道的数据传输中，允许终端启动数据传输过程（简称"主动上报"），将重要事件立即上报主站，以及按定时发送任务设置将数据定时上报主站。主站应支持主动上报数据的采集和处理。

# 第二章 移动终端使用

## 一、终端注册

新型终端第一次开机后，需要将移动助手进行注册才可使用，具体操作步骤如图 2-1 所示。

图 2-1　注册

注册成功后会提示设置锁屏密码，密码设置完成后会显示"设备已登录，姓名"等信息，如图 2-2 所示。

图 2-2　设置密码

提示：上述操作步骤只针对有移动助手和个人中心的内网手机，但是还有一部分只有个人中心但是已经注册、只有应用中心及没有安全注册应用的手机，需要根据要求按指示操作。

## 二、网络接入

新型终端的网络安全接入分为两种，一种是"安全接入"（图 2-3），另一种是"VPN 客户端"（图 2-4）。

终端在进行移动商店（简称 MIP）或"现场作业融 E 通" App 登录前，均需连接上安全接入，或者 VPN 客户端网络后方可进行后续操作。具体操作步骤如下。

### （一）安全接入

点击桌面图标打开安全接入软件，点击红色图标"已连接"，等待几秒钟后，下方显示已连接，同时右上角电量图标左侧会出现一个"钥匙"形状的图标，此时代表网络连接成功，如图 2-5 所示。

图 2-3　安全接入　　　　图 2-4　VPN 接入

图 2-5　网络连接

## （二）VPN

点击桌面图标打开 VPN 客户端，点击圆形图标"已断开"，等待几秒钟后，下方会显示已连接和数据传输上传下载信息，同时右上角电量图标左侧会出现一个"钥匙"形状的图标，此时代表网络连接成功，如图 2-6 所示。

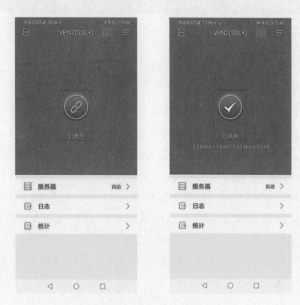

图 2-6 VPN 连接

## 三、账号注册

在登录"现场作业融 E 通"App 前需要先在移动业务平台系统后台申请注册后才能使用。注册时，先通过内网电脑打开谷歌或 360 浏览器，输入网址 http：//22.58.244.90：9200，打开移动业务平台登录页面，如图 2-7 所示。

图 2-7 移动业务平台登录

　　输入对应的账号密码信息即可进行登录，登录账号是本人所在地市名称和县级单位的名称首字母，比如洛阳伊川，账号就是 LYYC，南阳方城，账号就是 NYFC，密码统一是 0000aaaa。登录成功后，依次点击 ISC 账号管理→地市管理员维护→新增，选择供电所→填写姓名、性别、门户账号等信息，填写完后进行提交。提交账号信息后后台会有人员每天 17 点统一注册处理，待账号注册完成后，状态会变为"调用成功"，此时该账号即可登录"现场作业融 E 通" App，具体过程如图 2-8～图 2-10 所示。

图 2-8 新增账号

图 2-9　填写账号信息

图 2-10　注册完成

# 四、软件下载

## (一) 新型终端"现场作业融 E 通"下载

在桌面打开"MIP 移动商店"App，打开后使用本单位的企业门户账号进行登录。登录后点击右上方的"搜索应用"，输入"现场作业融 E 通"进行搜索，搜索后点击"下载"，软件就会自动开始下载。下载完成后点击"安装"，后续依次按照步骤进行安装即可，如图 2-11 所示。

图 2-11　下载及安装"现场作业融 E 通"App

## （二）三合一等其他终端

如终端中有 MIP 等软件，参考"新型终端下载"登录进行下载安装即可。如终端中无"MIP 移动商店"，可尝试使用浏览器扫描下方二维码（图 2-12）进行登录下载安装即可。

请扫描上方二维码
下载"现场作业融E通"App

图 2-12　"MIP 移动
商店"链接二维码

## 五、软件操作

## （一）软件登录

确保安全接入已经连接，即右上角有"钥匙"形状的图标。

打开"现场作业融 E 通"App，输入已注册的账号密码，点击
登录即可，如图 2-13 所示。

图 2-13 "现场作业融 E 通"App 登录

## （二）整体介绍

软件登录后整体分为 4 个页面，依次是"首页""应用"
"统计""我的"。

"首页"页面中有日常使用的微应用，消息待办通知，常用
的小工具等；"应用"页面主要用于所有业务微应用的下载、安
装、更新；"统计"页面主要是台区线损数据看板及日常工作任
务统计；"我的"页面主要显示了登录账号信息及其他小功能。
下面依次对各页面进行详细介绍。

1. "首页"

"现场作业融 E 通"App"首页"页面从上至下包含以下模
块：搜索区、常用工具区、统一待办区、业务应用区和消息通

知区，如图 2 - 14 所示。

2."应用"页面

"应用"页面如图 2 - 15 所示。

图 2 - 14 "现场作业融 E 通"      图 2 - 15 "现场作业融 E 通"

App 首页                          App 应用页面

（1）编辑：点击"编辑"按钮，可以通过应用图标上的"＋""－"调整首页展示的应用图标。

（2）排序：在编辑状态下，长按我的应用里的应用图标并拖动，可以调整首页展示的应用图标的顺序。

（3）更新：长按右上角带有版本号的应用图标，可以进行更新。

3."统计"页面

"统计"页面如图 2 - 16 所示。

（1）线损情况：展示该用户管辖台区的台区线损率和线损合格率。

（2）线损明细：展示该用户管辖的台区总数、优良台区数、正常台区数、高损台区数、负损台区数、不可计算台区数。

（3）日完成情况：展示该用户当天的日完成工作率和日工作完成比值。

（4）日完成明细：展示该用户当天每种类型待办任务的总数及完成进度。

4."我的"页面

"我的"页面如图 2-17 所示。

图 2-16 "现场作业融 E 通" 图 2-17 "现场作业融 E 通"
App 统计页面　　　　　　　App 我的页面

（1）个人信息：展示登录用户的姓名、拥有的系统权限以及所在部门。

（2）问题上报：可上报现场遇到的需求和缺陷。

（3）通讯方式设置：包括红外、激光红外、485 串口，默认是红外。

（4）上传日志：点击上传日志，将终端日志上传至后台。

（5）参数配置：配置日志存储天数。

（6）运行监控：点击可显示终端的当前硬件资源使用率信息。

（7）关于：显示"现场作业融E通"App的版本号信息。

（8）注销登录：退出登录。

## （三）应用下载安装、更新

### 1. 下载安装

在首次安装登录"现场作业融E通"App后，需要下载日常所使用的业务微应用。在"首页"或"应用"中，点击对应的业务微应用图标，应用就会自动进行下载安装，如图2-18所示。

图2-18　应用业务微应用下载

### 2. 应用更新

登录"现场作业融E通"App后，如检测到有新版本的业务微应用，此时该业务微应用右上角就会有红底白字的提示，长按该微应用图标几秒钟，会弹出更新按钮，点击"更新"按钮，业务微应用即可进行更新，如图2-19所示。

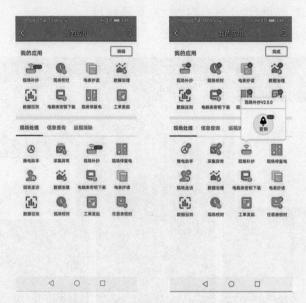

图 2-19 应用业务 App 更新

## （四）背夹蓝牙连接

在打开计量类业务微应用时，会弹出蓝牙连接的提示，设备列表中为附近的蓝牙设备（图 2-20），此时根据背夹背面的铭牌信息找到扫描到的蓝牙设备，点击连接设备，输入密码即可连接成功，并进行安全认证（图 2-21），认证通过后即可进行工单的操作。

如之前已经连接过背夹设备，在打开计量类业务微应用时会提示连接上一次的设备（图 2-22）。此时只需点击连接即可进行后续的工单相关操作，如背夹设备有所更换，点击切换按钮连接新背夹设备即可。

按钮操作步骤如下：

（1）打开/关闭手机蓝牙。

（2）点击需要连接的背夹蓝牙进行连接。

（3）开始/停止搜索附近的蓝牙设备。

（4）关闭蓝牙连接提示窗。

图2-20　蓝牙连接

图2-21　安全认证

图2-22　蓝牙连接提示

# 六、常见问题处理

## （一）终端注册相关

（1）注册失败：接口请求异常。

解答：查看安全接入是否断开（右上角小钥匙图标消失），重启手机后重新连接安全接入等待一小会后再进行登录注册；安全认证卡异常导致出现虚假连接情况（重启手机看其他应用是否可以登录）。

（2）注册失败：用户名或密码错误。

解答：可以登录内网网站企业门户系统确认企业门户账号和密码是否正确；账号和密码可以正常登录企业门户但无法注

册，需要后台核实账号是否异常（系统内是否是临时账号、重复账号、密码是否和统一权限密码一致）。

（3）只有个人中心 App。

解答：查看是否有个人中心 App。有个人中心 App 时，查看是否有注册信息，有的话代表已注册；没有注册信息，需与项目组联系查看原因。

（4）只有应用中心 App。

解答：没有个人中心 App，手机上有"应用中心 App"（先连接安全接入，需要激活，点击进入显示激活界面，使用企业门户账号激活即可），需登录 MIP 移动商店。

注意：移动助手、个人中心和应用中心都没有，请及时与项目组联系。

1）有移动助手和个人中心的手机，安全注册之后，WiFi 功能就会被禁用。

2）有应用中心的，在应用中心使用企业门户账号激活，WiFi 功能就会被禁用，但是不会出现在已注册统计明细里面；需要通过登录 MIP 移动商店，提取上线数据。如果 WIFI 还可以打开需要升级至最新定制系统，通过移动注册进行安全注册。

## （二）网络接入相关

（1）打开安全接入点击进行连接时，提示"加密卡异常，请确认已插入加密卡"。

解答：使用卡针拔出卡槽，检查是否安装有黑色的加密卡，如未安装，需联系单位设备发放人员获取加密卡并安装；如已安装，拔出加密卡再重新插入手机后，重新连接安全接入。

（2）登录"现场作业融 E 通"App 时，输入账号和密码后点击登录，一直停在登录中界面或提示安全插件异常。

解答：确认网络安全接入是否连接，以右上角是否有"钥匙"形状图标为准。

（3）登录安全接入时，提示"系统日期早于版本发布日期"。

解答：通过终端自身的设置，把终端的日期和时间更改为与当前日期和时间一致，重新连接安全接入。

## （三）软件下载相关

（1）MIP 登录不上。

解答：检查安全接入是否已连接，即右上角是否有安全接入的图标。

（2）MIP 登录提示账号或密码错误。

解答：登录内网网站企业门户系统确认企业门户账号和密码是否正确。

（3）下载过程中提示下载失败。

解答：可尝试点击重新下载，如仍旧下载失败，可使用浏览器扫描二维码功能扫描图 2－12 中的二维码进行应用下载安装。

## （四）软件操作相关

（1）登录"现场作业融 E 通"App，提示账号或密码错误，如图 2－23 所示。

解答：登录时输入的账号或者密码错误（登录时需要使用企业门户账号和密码登录）时，先使用初始密码 lcgc@5343 登录或者询问账号管理人员，如果确实找不到密码，可使用内网电脑登录网址进行密码重置（http：//nsystem.ha.sgcc.com.cn/portalsso/login.jsp），如图 2－24 所示。

图 2－23　登录认证失败

图 2-24 密码重置

输入账号，点击密码重置，如图 2-25 所示。

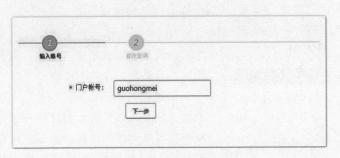

图 2-25 重置密码的账号

选择内网邮箱或者手机号，之后输入邮箱账号或者手机号，点击获取验证码，输入验证码，再输入新的密码，点击提交，如图 2-26 所示。

（2）使用企业门户账号和密码登录"现场作业融 E 通"App 时，提示该账号没有在平台注册，如图 2-27 所示。

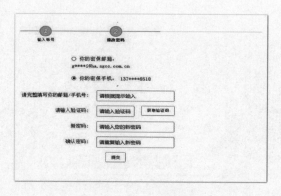

图 2-26　设置新的密码

图 2-27　登录认证失败

解答：出现该提示一般是账号输入错误或账号未注册，请确认输入的账号是否已注册，如不确认或需要注册账号，请参考第二章的"账号注册"部分内容进行解决。

（3）"现场作业融E通"App更新之后，提示已下载完成请安装，点击确定后一直转圈，安装不成功。

解答："现场作业融E通"App版本为1.3.2及以下版本的部分升级会出现直接升级失败的情况。需要把设备上安装的"现场作业融E通"App卸载掉，使用企业门户账号和密码（即等同于"现场作业融E通"App的账号和密码）登录MIP移动商店，重新下载"现场作业融E通"App最新版本后，再重新连接，安全接入App后，即可正常登录使用"现场作业融E通"App。

（4）登录"现场作业融 E 通"App 后，点击现场补抄或者现场停复电等微应用后，提示建议卸载，如图 2-28 所示。

解答：通过手机上的文件管理→分类→内部存储，删除以 com. sgcc 开头的文件夹后重新登录"现场作业融 E 通"App 即可。

（5）登录"现场作业融 E 通"App 后，应用里的微应用显示灰色，点击后没有反应，点击我的，"闭环""供服""PMS"，字体显示灰色，如图 2-29 所示。

图 2-28　提示建议卸载　　图 2-29　登录后点击微应用无反应

解答：这种情况需要通过即时通进入数字化班组群（群号 23531），将对应的登录账号交给后台运维人员开通访问权限。

（6）在"三合一"终端上安装"现场作业融 E 通"App，使用时提示"安全单元初始化失败，请重试"。

解答：通过终端自带的设置—应用中找到"现场作业融 E 通"App→存储→删除数据等步骤操作之后，重新登录"现场作业融 E 通"App 即可接收工单。

(7) 在"三合一"终端上安装"现场作业融 E 通"App，使用账号登录后，点击里面的微应用图标后提示未绑定，如图 2 - 30 所示。

解答："三合一"终端需要绑定终端和账号（企业门户账号）后才能正常使用"现场作业融 E 通"App，整理好终端 IMEI 号和账号（企业门户账号）的对应关系后，通过即时通进入数字化班组群（群号 23531），由后台运维人员进行处理。

(8) 在现场补抄页面中点击工单发起时提示"请安装工单发起应用"，如图 2 - 31 所示。

图 2 - 30　未绑定终端　　　图 2 - 31　打开失败提示"请安装
　　　　　　　　　　　　　　　　　　　　工单发起应用"

解答：出现此问题的原因是工单发起程序没有安装。返回到"现场作业融 E 通"App 的登录页面，点击应用，找到工单发起微应用，点击进行下载安装再重复刚才的操作即可。

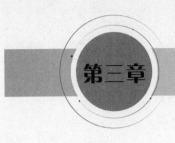

# 第三章 计量移动应用

## 一、工单发起

### （一）业务场景介绍

现场发现电能表出现异常，基层人员利用移动作业终端直接创建工单，对电能表进行操作，执行完成后将执行结果上传给采集运维闭环管理系统。适用范围包括现场补抄、现场停复电、现场校时、电能表密钥下装、采集异常。

### （二）操作流程

登陆"现场作业融E通"App后，点击下方的"应用"，进入我的应用后，点击"工单发起"图标，可跳转到工单发起页面，如图3-1所示。

点击条码扫描，对准电能表条码页面进行扫描，如图3-2所示。

扫描成功后资产编号显示在对应的输入框中，如图3-3所示。

点击激光扫描，会直接调起激光去获取通信地址，激光扫描成功后通信地址显示在对应的输入框中，如图3-4所示。

点击工单类型，可选择发起的工单类型，如图3-5所示。

在选择了工单类型后部分工单类型会弹出二级选项，例如现场补抄和现场停复电，如图3-6所示。

图 3-1　工单发起

图 3-2　扫描电能表条码

图 3-3　扫描成功后显示资产编号

图 3-4 激光扫描成功显示通信地址　　　图 3-5 显示可选工单类型

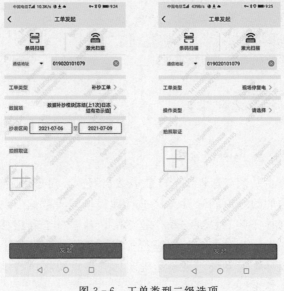

图 3-6 工单类型二级选项

拍照取证最多可添加 3 张图片，点击"发起"，工单发起成功。

## （三）常见问题处理

使用"现场作业融 E 通"的工单发起功能，现场扫描电能表资产号，点击发起后，提示错误：数据异常，请联系技术支持人员（错误码：N006）或输入的资产编号不存在，如图 3-7 所示。

解答：点击"现场作业融 E 通" App 中"我的"，查看账号所属单位是否与电能表单位一致，不一致的话，切换单位一致的账号进行处理；如果单位一致，检查该用户是否有在途流程或者当日流程刚走完，如果有，需要等到第二天才能现场发起工单；如果以上情况都不是，请通过即时通信、电话、邮箱联系，进行反馈处理。

图 3-7 工单发起数据异常

## 二、现场补抄

## （一）业务场景介绍

采集主站系统远程执行电能表数据召测，对于因通信盲点、下行通信问题等原因导致无法进行远程电能表数据召测时，将电能表补抄任务下发到移动作业终端，基层员工利用移动作业终端前往现场对电能表数据进行抄读，并将执行结果上传给采集运维闭环管理系统，采集运维闭环管理系统将执行结果反馈给采集主站系统。

## （二）操作流程

1. 下载工单

现场作业人员通过移动业务终端下载并查看已派发给自己的现场补抄工单。

下载完成后支持按最新、紧急程度和台区排列三个页面进行展示，如图3-8所示。

图3-8　现场补抄工单展示

点击工单列表的工单发起可跳转到工单发起页面。

2. 查找工单

现场作业人员可通过"搜索""扫描"方式查找、定位自己需要执行的工单信息。

（1）通过"搜索"功能查找。当工单较多时，现场作业人员可点击右上角的 🔍 图标，进入工单搜索页面，系统支持根据户名、户号、资产编号等条件模糊查询，如图3-9所示。

在搜索到的工单列表中点击需要作业的工单，进入工单明细页面。

（2）通过"扫描"功能查找。现场作业人员知道自己要作业的电能表设备时，可通过点击右上角的 ▦ 图标进行扫描，如图 3-10 所示。

图 3-9　工单搜索

图 3-10　通过扫描电能表查找工单

可通过点击扫描结果进入工单详情页面。

3. 执行工单

现场作业人员通过移动作业终端对电能表进行现场补抄，执行完成后在"工单详情"页面显示执行结果，方便作业人员查看。

首先进入"工单详情"页面，如图 3-11 所示。

点击详情页面的右上角"…"，可跳转到历史工单页面，如图 3-12 所示。

检查当前展示的"规约类型"是否与待作业电能表的规约类型一致（不一致时，需要现场作业人员进行修改，点击

图 3-11　工单详情

"规约类型"后的箭头,修改对应的规约类型),如图 3-13 所示。

图 3-12　历史工单

图 3-13　规约类型修改

图 3-14　补抄操作

点击"补抄"按钮，根据选择的通信方式会打开普通红外或激光红外，开始执行补抄操作，如图 3-14 所示。

执行完成后，自动记录执行结果并在"工单详情"页面展示，如图 3-15 所示。

4. 提交工单

工单提交分"执行成功"时提交、"执行失败"时提交两种情况。

（1）"执行成功"时提交：在"工单详情"页面点击"提交"按钮，工单提交成功且有相关提示信息。

（2）"执行失败"时提交：在"工单详情"页面点击"提交"按钮，此时需要选择失败原因或者输入失败原因后才可提交，如图 3-16 所示。

图 3-15　工单详情展示　　图 3-16　工单提交失败原因

## （三）常见问题处理

（1）在现场补抄界面点击下方的工单发起，现场发起工单时，提示"打开失败"错误，请确定是否正常安装工单发起程序，如图 3-17 所示。

解答：返回"现场作业融 E 通"的"首页"，点击下方的"应用"，进入我的应用界面，点击"工单发起"图标，下载并安装工单发起程序。

（2）登录"现场作业融 E 通"后，点击现场补抄或者现场停复电等微应用后，提示建议卸载，如图 3-18 所示。

图 3-17　工单发起"打开失败"错误　　图 3-18　提示"建议卸载"

解答：通过手机上的文件管理→分类→内部存储，删除以 com. sgcc 开头的文件夹后重新登录"现场作业融 E 通"App 即可。

（3）现场补抄工单详情下载完成后，点击"补抄"开始执行工单，任务执行失败，如图 3-19 所示。

解答：工单任务执行失败的原因是电能表里没有抄表区间段内的冻结数据，针对规约类型为 645 的电能表，可以使用仅抄读功能解决此问题，如图 3-20 所示。

图3-19　补抄工单任务　　　图3-20　仅抄读功能
执行失败

# 三、现场停复电

## （一）业务场景介绍

费控系统监测到用电客户欠费或者停电缴费时，向采集主站系统发送远程停复电指令。采集主站系统进行远程开合闸指令操作，由于下行通信问题等原因导致远程开合闸操作执行失败，系统自动生成停复电任务工单至采集运维闭环管理系统。采集运维闭环管理系统经停复电工单下到到移动作业终端，基层员工前往现场利用移动作业终端完成对电能表的开合闸操作，并将执行结果上传给采集运维闭环管理系统，采集运维闭环管理系统将执行结果反馈给采集主站系统。

## （二）操作流程

### 1. 下载工单

现场作业人员通过移动业务终端下载并查看已派发给自己

的现场停复电工单。

下载完成后支持按最新、紧急程度和台区排列三个页面进行展示，如图 3-21 所示。

图 3-21 现场停复电工单分类展示

点击工单列表的工单发起可跳转到工单发起页面。

2. 查找工单

现场作业人员可通过"搜索""扫描"方式查找、定位自己需要执行的工单信息。

（1）通过"搜索"功能查找。当工单较多时，现场作业人员可点击右上角的 图标，进入工单搜索页面，系统支持根据户名、户号、资产编号等条件模糊查询，如图 3-22 所示。

在搜索到的工单列表中点击需要作业的工单，进入工单明细页面。

（2）通过"扫描"功能查找。现场作业人员知道自己要作业的电能表设备时，可通过点击右上角的 图标进行扫描，如图 3-23 所示。

 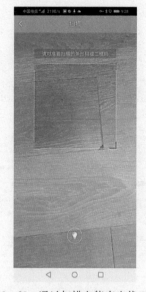

图 3-22　查找工单　　图 3-23　通过扫描电能表查找工单

### 3. 执行工单

现场作业人员通过移动作业终端对电能表进行现场停复电，执行完成后在"工单详情"页面显示执行结果，方便作业人员查看。首先进入"工单详情"页面，如图 3-24 所示。

点击详情页面的右上角"…"，可跳转到历史工单页面，如图 3-25 所示。

检查当前展示的"规约类型"是否与待作业电能表的规约类型一致（不一致时，需要现场作业人员进行修改，点击"规约类型"后的箭头，修改对应的规约类型），如图 3-26 所示。

点击"合闸允许"按钮，根据选择的通信方式会打开普通红外或激光红外，开始执行停复电操作，如图 3-27 所示。

图 3-24　工单详情

图 3-25 历史工单详情

图 3-26 修改规约类型

图 3-27 执行停复电操作

执行完成后，自动记录执行结果并在"工单详情"页面展示，如图 3-28 所示。

4. 提交工单

工单提交分"执行成功"时提交、"执行失败"时提交两种情况。

（1）"执行成功"时提交：在"工单详情"页面点击"提交"按钮，工单提交成功且有相关提示信息；

（2）"执行失败"时提交：在"工单详情"页面点击"提交"按钮，此时需要选择失败原因或者输入失败原因后才可提交，如图 3-29 所示。

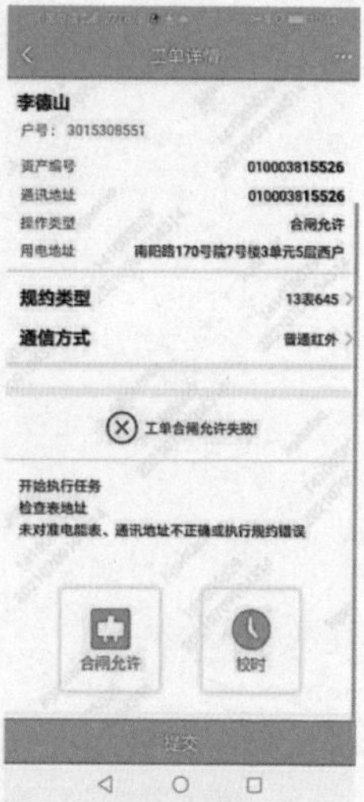

## （三）常见问题处理

图 3-28　停复电执行结果展示

对资产号是 01000 开头的电能表执行复电工单失败，如图 3-30 所示。

图 3-29　执行失败原因

图 3-30　停复电执行任务失败

解答：资产号是 01000 开头的电能表不能接收立即合闸命令，可以重新创建允许合闸工单进行执行。

## 四、现场校时

### （一）业务场景介绍

电能表时钟异常，将电能表校时任务下发到移动作业终端，基层员工利用移动作业终端前往现场完成对电能表校时，并将执行结果上传给采集运维闭环管理系统。

### （二）操作流程

1. 下载工单

现场作业人员通过移动业务终端下载并查看已派发给自己的现场校时工单。

下载完成后支持按最新、紧急程度和台区排列三个页面进行展示，如图 3 - 31 所示。

图 3 - 31　校时工单分类展示

点击工单列表的工单发起可跳转到工单发起页面。

2. 查找工单

现场作业人员可通过"搜索""扫描"方式查找、定位自己需要执行的工单信息。

（1）通过"搜索"功能查找。当工单较多时，现场作业人员可点击右上角的 图标，进入工单搜索页面，系统支持根据户名、户号、资产编号等条件模糊查询，如图3-32所示。

在搜索到的工单列表中点击需要作业的工单，进入工单明细页面。

（2）通过"扫描"功能查找。现场作业人员知道自己要作业的电能表设备时，可通过点击右上角的 图标进行扫描，如图3-33所示。

图3-32　查找校时工单　　图3-33　通过扫描电能表查找工单

3. 执行工单

现场作业人员通过移动作业终端对电能表进行现场校时，执行完成后在"工单详情"页面显示执行结果，方便作业人员查看。首先进入"工单详情"页面，如图3-34所示。

点击详情页面的右上角"…"，可跳转到通信方式选择和历史故障页面，如图3-35所示。

检查当前展示的"规约类型"是否与待作业电能表的规约类型一致（不一致时，需要现场作业人员进行修改，点击"规约类型"后的箭头，修改对应的规约类型），如图3-36所示。

点击"校时"按钮，根据选择的通信方式会打开普通红外或激光红外，开始执行校时操作，如图3-37所示。

图3-34 校时工单详情

图3-35 通信方式选择和历史故障

图 3-36 修改规约类型　　图 3-37 执行校时操作

执行完成后，自动记录执行结果并在"工单详情"页面展示，如图 3-38 所示。

4. 提交工单

工单提交分"执行成功"时提交、"执行失败"时提交两种情况。

（1）"执行成功"时提交：在"工单详情"页面点击"提交"按钮，工单提交成功且有相关提示信息。

（2）"执行失败"时提交：在"工单详情"页面点击"提交"按钮，此时需要选择失败原因或者输入失败原因后才可提交，如图 3-39 所示。

### （三）常见问题处理

使用移动业务终端对资产号是

图 3-38 校时工单执行
结果展示

01000 的电能表执行现场校时工单失败，如图 3 - 40 所示。

图 3 - 39　校时失败原因　　图 3 - 40　校时工单执行失败

解答：电能表未处于可编程状态导致工单执行失败，需要打开电能表中间的铭牌盖，点击编程键，在电能表的下方出现一个小板车的符号后，再执行工单，如图 3 - 41 所示。

图 3 - 41　校时工单执行失败处理办法

# 五、电能表密钥下装

## (一) 业务场景介绍

现场出现电能表无密钥或者处于公钥状态下, 基层员工利用移动作业终端直接创建电能表密钥下装工单, 对现场电能表进行密钥下装, 执行完成后将执行结果上传给采集运维闭环管理系统。目前密钥下装功能仅支持电能表资产号为"01000"开头的表计。

## (二) 操作流程

### 1. 下载工单

现场作业人员通过移动业务终端下载并查看已派发给自己的现场补抄工单。

下载完成后支持按最新、紧急程度和台区排列三个页面进行展示, 如图 3-42 所示。

图 3-42　密钥下装工单分类展示

2. 查找工单

现场作业人员可通过"搜索""扫描"方式查找、定位自己需要执行的工单信息。

（1）通过"搜索"功能查找。当工单较多时，现场作业人员可点击右上角的▓图标，进入工单搜索页面，系统支持根据户名、户号、资产编号等条件模糊查询，如图3-43所示。

图3-43　工单搜索

在搜索到的工单列表中点击需要作业的工单，进入工单明细页面。

（2）通过"扫描"功能查找。现场作业人员知道自己要作业的电能表设备时，可通过点击右上角的▓图标，如图3-44所示。

3. 执行工单

现场作业人员通过移动作业终端对电能表进行现场校时，执行完成后在"工单详情"页面显示执行结果，方便作业人员查看。

图3-44　通过扫描电能表查找工单

图3-45　工单详情

首先进入"工单详情"页面，如图 3 - 45 所示。

点击详情页面的右上角"…"，可跳转到通信方式选择和历史故障页面，如图 3 - 46 所示。

图 3 - 46　通信方式选择和历史作业记录

点击"密钥下装"按钮，根据选择的通信方式会打开普通红外或激光红外，开始执行密钥下装操作，如图 3 - 47 所示。

执行完成后，自动记录执行结果并在"工单详情"页面展示，如图 3 - 48 所示。

4. 提交工单

工单提交分"执行成功"时提交、"执行失败"时提交两种情况。

（1）"执行成功"时提交：在"工单详情"页面点击"提交"按钮，工单提交成功且有相关提示信息。

（2）"执行失败"时提交：在"工单

图 3 - 47　密钥下装操作

详情"页面点击"提交"按钮，此时需要选择失败原因或者输入失败原因后才可提交，如图 3-49 所示。

图 3-48 工单执行详情

图 3-49 执行失败原因

## 六、采集异常

### （一）业务场景介绍

采集主站系统每天将数据采集情况经过检测处理后再将数据传输给采集运维闭环系统，由采集运维闭环系统根据对应数据生成或归档采集异常工单，生成的工单下发至移动作业终端，基层人员前往现场对设备进行故障处理，并将处理情况反馈至采集运维闭环管理系统，采集运维闭环管理系统检测到设备可以正常数据采集时，采集异常工单完成归档。

### （二）操作流程

1. 下载工单

现场作业人员通过移动业务终端下载并查看已派发给自己

的现场补抄工单。

下载完成后支持按最新、紧急程度和台区排列三个页面进行展示，如图3－50所示。

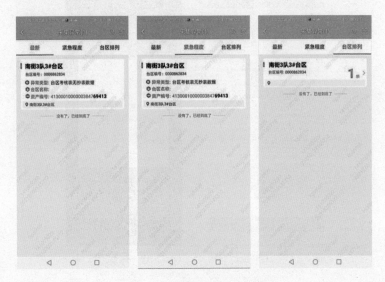

图3－50　采集异常分类展示

2. 查找工单

现场作业人员可通过"搜索""扫描"方式查找、定位自己需要执行的工单信息。

（1）通过"搜索"功能查找。当工单较多时，现场作业人员可点击右上角的█图标，进入工单搜索页面，系统支持根据户名、户号、资产编号等条件模糊查询，如图3－51所示。

在搜索到的工单列表中点击需要作业的工单，进入工单明细页面。

（2）通过"扫描"功能查找。现场作业人员知道自己要作业的电能表设备时，可通过点击右上角的█图标，如图3－52所示。

## 3. 执行工单

工单详情页面点击工单处理按钮，进入工单处理页面，如图 3-53 所示。

图 3-51 通过搜索功能
查找工单

图 3-52 通过扫描电能表
查找工单

针对直观检查类故障，可以通过直观检查的选项选中异常原因，并针对该异常进行拍照取证，如图 3-54 所示。

可以转其他流程处理异常，点击转其他流程按钮，进入转其他流程页面，如图 3-55 所示。

选择转疑难问题处理，进入疑难问题处理页，录入疑难问题描述信息，如图 3-56 所示。

选择转公网信号问题，进入公网信号问题处理页，录入公网信号问题，如图 3-57 所示。

选择转设备更换，进入更换电能表页，在设备类型中选择要更换的设备类型，如图 3-58 所示。

选择白名单申请信息，进入白名单申请信息页，选择申请原因，如图 3 - 59 所示。

图 3 - 53　工单处理页面　　　图 3 - 54　异常原因

图 3 - 55　转其他流程处理异常　图 3 - 56　转疑难问题处理

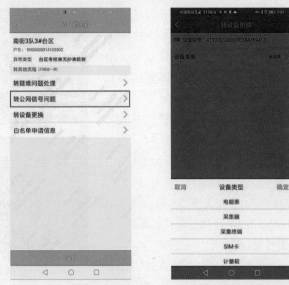

图 3-57　转公网信号问题处理　　　图 3-58　转更换电能表页

图 3-59　白名单申请信息页

针对参数校验类故障，可以选择参数校验方式（时钟校对或数据抄读），如图 3-60 所示。选择时钟校对时，会跳转到任意表校时页面；选择数据抄读时，会跳转到电能表抄读页面。

选择外设检测时，会跳转到外设检测微应用页面。选择消缺验证时，会跳转到数据召测微应用页面。

在工单处理页面，点击右上角挂起，显示工单挂起信息，如图 3-61 所示。

点击挂起原因，选择工单挂起原因，点击确定，如图 3-62 所示。

点击右上角的解除挂起按钮，工单可解除挂起状态。

图 3-60 选择参数校验方式

4. 提交工单

执行完成时，在工单页面点击"提交"按钮，工单提交成功且有相关提示信息。

图 3-61 工单挂起

图 3-62 工单挂起原因

## 七、电能表抄读

### （一）业务场景介绍

基层员工在开展现场工作中，需要使用电能表存储的数据，可通过电能表抄读助手进行数据抄读，如电能表开表盖事件、电流数据、电压数据、功率数据等。

### （二）操作流程

点击"电能表抄读助手"，进入电表抄读页面，可以通过手工输入、条码扫描、激光扫描方式获取电能表信息，如图 3 - 63 所示。

图 3 - 63 通过扫描获取电能表信息

点击条码扫描，扫描成功后，显示电能表档案信息，点击去读取，跳转到读取界面；点击激光扫描，扫描成功后，直接跳转到读取界面，如图 3 - 64 所示。

选择相应数据标识，如图 3 - 65 所示。

点击读取按钮，读取电能表数据，如图 3 - 66 所示。

图 3 - 64　读取界面　　图 3 - 65　选择数据标识　　图 3 - 66　电能表数据读取

## （三）常见问题处理

使用电表抄读微应用现场扫描电能表的条形码后，点击"去抄读"跳转到数据读取界面，点击"读取"按键，执行结果失败，如图 3 - 67 所示。

解答：工单任务执行失败的原因是账号的供电单位和电能表的供电单位不一致或者电能表不是运行状态，可在系统上确认一下电能表状态或切换一个单位一致的账号或在系统上确认一下电能表状态。

图 3 - 67　数据读取

## 八、数据召测

### (一)业务场景介绍

基层员工在现场对采集系统远程召测失败的电能表进行通信故障排查后,现场可以使用电能表资产编号、通信地址、用户编号通过数据召测进行现场召测,验证故障是否修复。

### (二)操作流程

登陆"现场作业融E通"App后,点击下方的"应用",进入我的应用后,点击"数据召测"图标,可跳转到数据召测页面,如图3-68所示。

设备类型选择电能表,资产编号可以手动输入,也可以通过扫描获取资产编号,如图3-69所示。

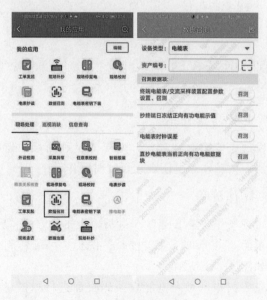

图 3-68 数据召测

选择召测数据项，点击召测按钮，召测结果会显示在当前页面。点击页面右上角进入召测记录页面，如图 3-70 所示。

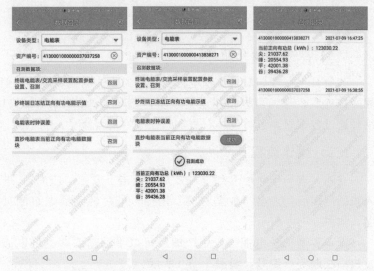

图 3-69　输入电能表　　　　图 3-70　数据召测记录
　　　　资产编号

## 九、电能表校时

### （一）业务场景介绍

现场发现电能表时钟异常，基层人员利用移动作业终端直接读取电能表信息，对电能表进行校时操作。

### （二）操作流程

登录"现场作业融 E 通" App 后，点击下方的"应用"，进入我的应用后，点击"任意表校时"图标，可跳转到任意表校时页面，如图 3-71 所示。

点击条码扫描，对准电能表条码页面进行扫描，扫描成功后资产编号显示在对应的输入框中，如图 3-72 所示。

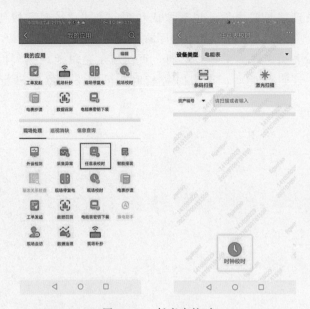

图 3 - 71　任意表校时

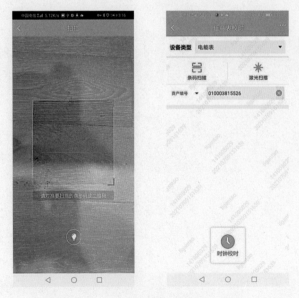

图 3 - 72　扫描电能表获得资产编号

　　资产编号或通信地址获取成功后，点击"校时"按钮，对表执行完成后，操作结果会显示在页面中。

　　设备类型选择采集终端时，页面显示逻辑地址输入框，手动输入逻辑地址后，点击时钟校时，可对采集终端进行校时操作。

# 第四章 营业移动应用

## 一、综合应用

### (一) 业务场景介绍

台区经理在现场开展业务时，可以利用移动作业终端进行客户服务，如用电客户联系方式变更、信息订阅、密码重置等。

### (二) 操作流程

1. 档案变更

现场作业人员通过现场作业终端接收用户更改联系电话的需求，录入用户新的联系信息，并提交至营销业务应用系统，如图 4－1 所示。

2. 用户清单

根据查询条件（所属单位、用户编号、用户名称、手机号码、电表编号）可以查询出用户基本信息、电费明细、缴费历史，协助台区客户经理提供方便快捷的现场用电服务，如图 4－2 所示。

3. 欠费查询

根据查询条件（台区编号、台区名称、催费负责人）可以查询台区欠费用户信息，协助台区客户经理提供方便快捷的现场用电服务，如图 4－3 所示。

图 4-1　用电客户联系信息变更

图 4-2 用户信息查询

图 4-3 台区欠费查询

## （三）常见问题处理

（1）档案变更流程无法正常流转或者接收不到工单。

解答：反馈至各专业运维钉钉群的运维人员处理或者提交营销系统的营销运维工单处理即可。

（2）用户清单所显示的供电单位和登录人的供电单位显示不一致。

解答：反馈至各专业运维钉钉群的运维人员处理或联系地市的供电服务管理人员调整单位即可。

（3）点击综合应用中的档案变更图标，提示"请绑定营销系统账号"，不能正常使用。

解答：台区客户代表在 PC 端绑定营销系统业务受理账号，绑定菜单路径为：辅助功能→账号绑定。页面默认展示当前登录用户所在供电所绑定的营销系统账号。

页面分查询条件模块、业务列表模块、绑定人员模块三个模块，查询模块可根据供电单位、服务系统名称、业务类型进行业务绑定查询。

在业务列表模块中点击增加，可增加一条新的业务账号绑定信息；选中一条记录点击编辑可修改业务账号；选中一条记录点击删除可删除当前业务账号绑定记录。

业务账号绑定信息添加后，对该业务账号绑定信息进行账号绑定，绑定账号在绑定人员模块中进行显示，该业务绑定信息的绑定人员为空时，可进行新增绑定人员，绑定人员不为空时，可进行编辑和删除。

（4）豫电助手登录之后，首页里面的内容为空。

解答：通过营销系统提交营销运维工单，运维工单内容填写使用的工号和需要开通的功能权限，然后提交工单，等待营销系统运维人员处理即可。

（5）豫电助手打开后，需要使用什么系统的账号和密码进行登录，密码忘记了如何更改？

解答：优先使用营销系统账号和密码，无营销系统账号则使用供电服务账号密码，两者均无则使用集控平台、智能稽查等其他业务系统账号和密码登录，如上述账号和密码均无法登录豫电助手 App，反馈至各专业运维钉钉群的运维人员处理或者提交营销系统的营销运维工单处理即可。

如营销账号和密码遗忘，可联系各单位营销系统管理员重置密码；如供电服务账号和密码遗忘，可联系各单位供电服务系统管理员查询账号、重置密码。

## 二、阳光业扩

### （一）业务场景介绍

低压居民或者低压非居民用户需要新装、增容、更名、过户、销户等业务时，台区经理可利用移动作业终端前往现场进行业务办理，实现客户预约办电、实名认证。

### （二）操作流程

1. 新装受理

受理低压居民新装和低压非居民新装工单。

2. 增容受理

受理低压居民新装和低压非居民增容工单。

3. 变更受理

受理更名、过户、销户工单。

### （三）常见问题处理

新装受理、增容受理、变更流程无法正常"走"下去或者接收不到工单。

解答：反馈至钉钉运维群的运维人员处理或者提交营销系统的营销运维工单处理即可。

# 第五章 运检移动应用

## 一、巡视管理

### (一) 业务场景介绍

巡视人员对线路进行巡视，巡视过程中系统自动定位电网设备，自动更新巡视结果并记录巡视轨迹，发现缺陷或隐患时可快速登记缺陷或隐患，记录并拍摄相关照片，巡视过程中也可查看设备台账等信息。

### (二) 操作流程

1. 下载工单

进入巡视管理界面，点击设置，进行地图下载、基础数据下载，如图5-1所示。

2. 查找工单

进入巡视管理界面，根据开始时间、结束时间查询这段时间内的巡视计划，点击筛选，依据巡视周期、巡视类型、执行方式等筛选条件快速定位巡视计划，如图5-2所示。

3. 执行工单

选择巡视计划，下载巡视计划相关信息后开始巡视，点击右上角 ≡ 可

图5-1 巡视地图下载

以查看巡视计划、作业文本、缺陷记录（历史缺陷和本次巡视录入的缺陷）、隐患记录（历史隐患和本次巡视例如的隐患）、数据同步、设备查看（可以查看该线路的设备台账信息）、签到记录，如图5-3所示。

图5-2 巡视计划定位　　　　图5-3 巡视信息查看

进入图形巡视界面，杆塔图标为绿色代表未巡视，需到杆塔附近才能自动巡视，变为灰色代表已巡视。选择录入缺陷或者录入隐患，进入设备列表，选择设备进入缺陷登记，保存后可以进行拍照（包含照片水印日期时间、人员、坐标、设备名称等信息），如图5-4所示。

（1）选择签到。当GPS信号弱或杆塔位置不准无法定位时，可以拍照进行签到，代表已对该设备进行巡视，如图5-5所示。

（2）切换计划。可以切换到另一条巡视计划，开展巡视，如图5-6所示。

4. 提交工单

选择完成巡视，点击保存开始登记巡视记录，点击完成巡视。若是周期性计划会提示是否需要生成下一条巡视计划,若不需要选择"否",需要生成选择"是",如图5-7所示。

图5-4 图形巡视界面

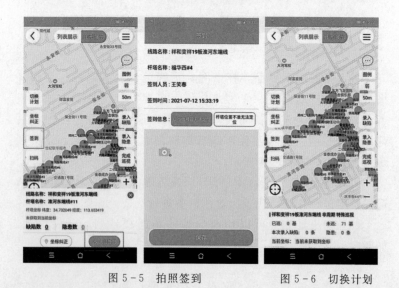

图5-5 拍照签到          图5-6 切换计划

图 5-7　巡视记录

## （三）常见问题处理

登录"现场作业融 E 通"App，点击巡视管理图标，提示基础数据下载失败请检查网络状况，如图 5-8 所示。

解答：登录使用的账号无 PMS 系统相对应的权限，需联系地市县公司有 PMS 系统权限的管理员为该账号赋予 PMS 权限即可。

图 5-8　网络状况提示

# 二、缺陷管理

## （一）业务场景介绍

巡视人员在巡视过程中可查看巡视设备历史缺陷、登记缺陷、拍摄的缺陷照片，照片上水印会显示拍摄坐标和拍摄时间，巡视人员还可对缺陷照片进行编辑。

### （二）操作流程

进入缺陷管理，根据开始时间、结束时间、缺陷性质、缺陷状态等筛选条件查询录入的缺陷信息。点击右下角"发现缺陷"，可进行缺陷信息的登记和图片的拍摄，点击提交按钮，回传至PMS，且不可再做出修改，如图 5-9 所示。

图 5-9　缺陷管理与登记

## 三、任务分配

### （一）业务场景介绍

巡视人员可通过移动终端查看巡视任务，可对未巡视的任务进行人员分配，也可查看已经分配到人的巡视任务，显示巡视任务的巡视到期时间、长度、杆塔基数、巡视内容等信息。

## （二）操作流程

选中需要分配的杆塔列表，再选中人员进行分配，全部分配完后，点击结束分配，可查看设备分配了多少人员、人员分配的设备等信息，如图 5-10 所示。

图 5-10　任务分配

# 四、检修管理

## （一）业务场景介绍

巡视人员处理在巡视过程中发现的隐患，消缺隐患工单，新增修试记录，并上报。

## （二）操作流程

点击上报，选择修试记录，点击确定进行上报，如图 5-11

所示。

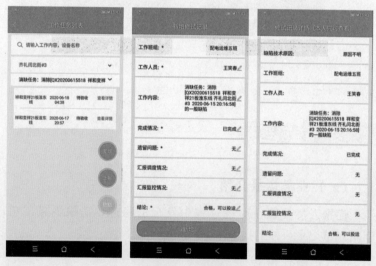

图 5-11 检修管理

## 五、电网设备资源运维

### (一) 业务场景介绍

可使外业采集及内业整理工作流程化、简单化、标准化，且能够形成国网 GIS 平台最终模板数据，方便直接导入电网 GIS 平台。

### (二) 操作流程

1. 设备变更任务工单

PMS2.0 系统发起设备变更申请单之后，移动 App 端通过移动业务平台微服务，下载获取设备变更单信息，对应放置在设备变更任务工单列表中，如图 5-12 所示。

2. GIS 地图

基于移动 GIS 平台与地图数据源，对背景地图和电网线路设备数据进行可视化展示、地图交互操作（放大、缩小、平移、拖动、选择等），如图 5-13 所示。

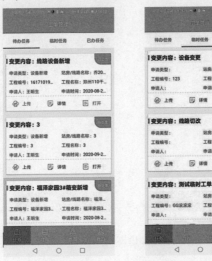

图 5-12（一） 设备变更任务工单

| 申请类型 | 设备新增 |
|---|---|
| 电站/线路名称 | 福泽家园3#箱变 |
| 输变配标识 | 配电 |
| 设备增加方式 | |
| 主要设备 | |
| 申请单位 | 运维检修部（检修分公司） |
| 工程编号 | 福泽家园3#箱变 |
| 工程名称 | 福泽家园3#箱变 |
| 申请人 | 王明生 |
| 申请时间 | 2020-08-26 15:22:56 |
| 所属地市 | 国网河南省电力公司郑州供电公司 |
| 投运日期 | 2020-08-26 00:00:00.0 |
| 变更内容 | 福泽家园3#箱变新增 |
| 设备变更原因 | 福泽家园3#箱变新增 |

图 5-12（二） 设备变更任务工单

图 5-13 背景地图和电网线路设备可视化展示

### 3. 位置定位导航

基于移动终端 GPS 卫星定位模块，结合 GIS 地图进行位置定位、导航及坐标采集，如图 5-14 所示。

图 5-14　位置定位、导航及坐标采集

### 4. 线路设备台账

获取并展示设备台账、线路信息数据，如图 5-15 所示。

### 5. 电网设备资源采录

依照任务工单中的变更内容，现场针对不同设备类型进行指定性的信息采录、更新操作，如图 5-16 所示。

### 6. 设备实物 ID 扫描

针对现场临时变更申请业务需求，通过二维码信息获取实物 ID 编号，根据此 ID 查询 PMS2.0 的设备台账信息，并与现场情况进行对比，将存在差异的数据更新到 PMS2.0，如图 5-17 所示。

### 7. 数据导出与上传

现场完成采录或者更新操作后，将数据导出并上传到仿真库核查质检，最后提交至 PMS 系统。

8. 系统设置

对软件系统中涉及的采集方式、坐标定位、地图等相关参数进行设置，如图 5-18 所示。

图 5-15 线路设备台账

图 5-16（一） 电网设备资源采录

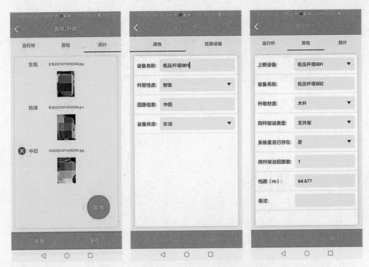

图 5-16（二） 电网设备资源采录

图 5-17 设备实物 ID 扫描　　　　图 5-18 系统设置

# 第六章 其他移动应用

## 一、数据治理

### （一）业务场景介绍

移动业务平台每日对数据治理系统经过核查后需推送的问题与反馈的治理工单进行对比核查，修改已解决问题状态，将新的问题转为工单下发。

### （二）操作流程

1. 治理问题列表

按照最新、紧急、规则排列展示治理工单，如图 6-1 所示。

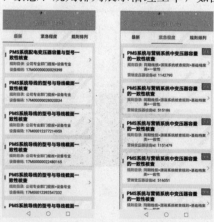

图 6-1（一） 治理问题列表

图 6-1（二） 治理问题列表

2. 治理问题详情

查看治理工单详情及规则详情，如图 6-2 所示。

3. 治理问题历史

查看已解决的历史问题，如图 6-3 所示。

图 6-2 治理问题详情 图 6-3 历史问题

## 二、线损助手

### (一) 业务场景介绍

线损助手便于台区经理查看台区的同期线损率及合格率，统计高损、负损、不可计算台区数量，关联分析不合格台区异常原因，为线损排查提供数据支撑。

### (二) 操作流程

1. 首页

线损助手首页展示台区经理管辖台区采集和线损两个指标信息，将管辖台区中高损、负损、不可计算台区等进行统计展示，如图 6 - 4 所示。

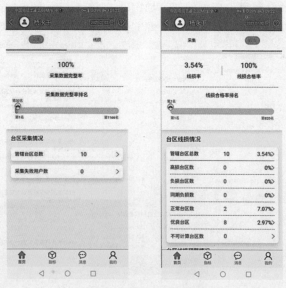

图 6 - 4　线损指标统计

2. 台区列表

点击管辖台区总数，可跳转到台区列表，通过点击高损、同期负损、不可计算台区数的方式跳转至台区列表页面，展示高损、负损、不可计算台区数的台区名称、近三日线损率、采集数据完整率、采集档案完整率，如图6-5所示。

点击线损率趋势图标，显示线损率的日历图，如图6-6所示。

可点击页面上面的高损、负损、不可计算台区数等进行不同状态台区的筛选查看，如图6-7所示。

3. 台区异常

通过台区名称可跳转至台区信息统计页面，将该台区的基础信息、异常诊断、终端信息进行展示，如图6-8所示。

4. 异常明细

通过异常可查看出现此异常的用户信息，包括用户名称、用户编号、电能表资产号、用电地址、异常类型等，如图6-9。

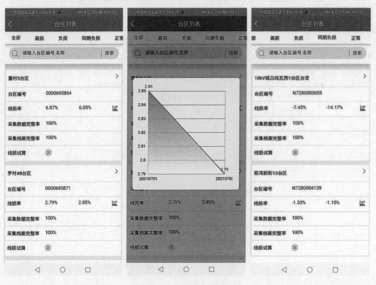

图6-5　台区列表　　图6-6　线损率日历图　　图6-7　台区列表

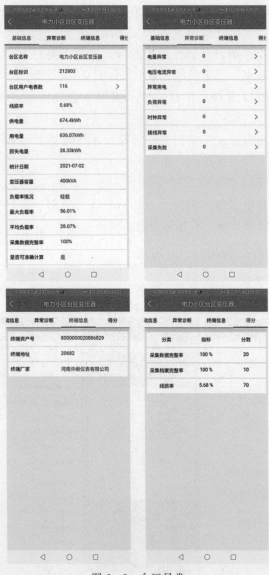

图 6-8　台区异常

### （三）常见问题处理

（1）在首页不展示 t−2 的台区线损数据。

解答：台区线损数据每天在 11 点数据同步结束后，即可以正常查看 t−2 的台区线损数据，数据未同步结束前，则只能查看 t−3 的台区线损数据；如果截至 12 点还无法查看 t−2 的台区线损数据，可通过即时通进入数字化班组群（群号 23531）说明问题，或者在各地市的"现场作业融E通"App沟通群里进行反馈，由后台运维人员进行处理。

图 6-9　异常明细

（2）登录"现场作业融E通"App，点击线损助手，看不到台区线损情况，如图 6-10 所示。

省市县权限　　　　　个人权限

图 6-10　未显示台区线损情况

解答：先查看在采集系统上的台区责任人维护界面上，台区维护的线损责任人中是否有这个人，再查看这个人员在闭环系统对应供电所是否有 YDZT_ 开头的账号；如果两者都没问题，可通过即时通进入数字化班组群（群号 23531）说明问题，或者在各地市的"现场作业融 E 通"App 沟通群里进行反馈，由后台运维人员进行处理。

## 三、综合查询

### （一）业务场景介绍

综合查询便于台区经理在现场作业过程中可以使用用户信息或电能资产编号查询出用户的基本信息、电费信息、缴费历史，也可以使用台区名称或台区编号查询台区欠费用户。

### （二）操作流程

1. 用户查询

在综合查询微应用中输入查询条件查询用户信息，如图 6-11 所示。

图 6-11　用户查询

2. 用户信息

点击用户信息，可跳转到用户信息界面，查看用户的基本信息、电费明细、缴费历史，如图 6-12 所示。

图 6-12　用户信息

### （三）常见问题处理

登录"现场作业融 E 通"App，点击综合查询，输入查询条件，点击查询，提示未查询到数据，如图 6 - 13 所示。

图 6 - 13 查询不到数据

解答：使用综合查询现场查询电能表信息，不能跨单位查询。出现查询失败情况时，首先要确定所使用的账号与电能表单位是否一致，再查看电能表是否是运行状态，如果两者都无异常，可通过即时通进入数字化班组群（群号 23531）说明问题，或者在各地市的"现场作业融 E 通"App 沟通群里进行反馈，由后台运维人员进行处理。

## 四、现场走访

### （一）业务场景介绍

现场作业人员在开展客户走访、宣传推广等工作时，可以通过现场走访微应用实现走访、宣传主题登记、照片上传等功能，保证现场走访记录实时保存。

### （二）操作流程

在开展客户走访、宣传推广等工作时，可以通过现场走访微应用进行走访及宣传主题登记，照片上传等功能，保证现场走访记录实时保存，如图 6 - 14 所示。

### （三）常见问题处理

现场走访无法上传任务或者无法新增任务。

解答：可通过即时通进入数字化班组群（群号 23531）说明问题，或者在各地市的"现场作业融 E 通"App 沟通群里进行反馈，由后台运维人员进行处理。

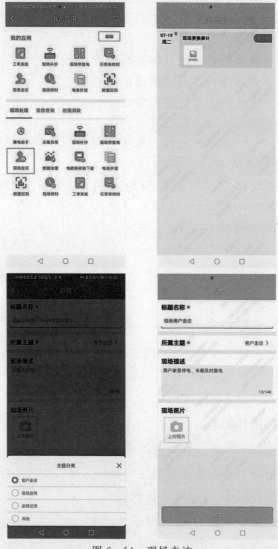

图 6-14　现场走访